发现身边的科学
FAXIAN SHENBIAN DE KEXUE

排队"跳水"的小人偶

王轶美　主编

贺杨　陈晓东　著　上电一中华"华光之翼"漫画工作室　绘

中国纺织出版社有限公司

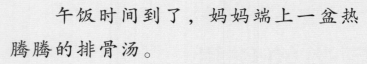

午饭时间到了，妈妈端上一盆热腾腾的排骨汤。

咚咚："好香的排骨汤啊！"

妈妈："刚做好的汤，有点烫哦，要……"

哎呀！

小贴士

  如果遇到烫伤，一定要及时用凉水来冲洗，避免起泡。如果烫伤严重，请及时就医。

咚咚："哎呀！这勺子好烫呀！"

妈妈："看你急的，我话还没说完，你都拿勺子喝上了！"

咚咚："为什么勺子会那么烫呢？真疼！"

妈妈："这个问题你就要问你的爸爸了。"

爸爸："这是因为铁勺子在汤里会吸收大量的热量，变得很烫。"

咚咚："可是我是把汤吹凉了再喝的呀！"

爸爸："没错，你只吹凉了汤，可是还有一部分热量躲在勺子里。"

咚咚："哦，我还是不太明白。"

铁勺放在热汤中变得很烫，是因为热汤中的热量传递到了铁勺中，使铁勺也变烫了。这就是一种物理现象，叫热传导，它指的是热量从温度较高的部分沿着物体传到温度较低的部分。

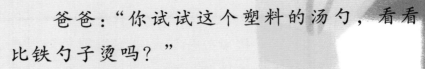

爸爸："你试试这个塑料的汤勺，看看比铁勺子烫吗？"

咚咚："这就没那么烫了。"

8

　　想一想，生活中有哪些物品容易传热，哪些不容易传热？

　　一般固体金属属于热的良导体，容易传热；木头等密度小的物品不易传热；而空气导热系数最小，几乎不传热，所以隔热层一般用空心、泡沫之类的材料。

爸爸:"我们做一个实验来研究一下到底是为什么吧。"

咚咚:"好嘞!"

爸爸:"我们找一双金属筷子、一支蜡烛,还需要你的两个玩具小人偶!"

咚咚:"交给我,马上找来!"

爸爸："接下来，我们让玩具小人偶在金属筷子上'走钢丝'。"

　　咚咚和爸爸先将金属筷子水平固定住，点燃蜡烛，然后用蜡烛油把小人偶粘在筷子上，冷却后，小人偶就立在筷子上了。

　　蜡烛在点燃时，固态的蜡会慢慢熔化成液态的蜡烛油。在物理学中，物体从固态变成液态的过程，叫做熔化。离开火焰，蜡烛油又会从液态变成固态，发生凝固现象。在物理学中，物体从液态变成固态的过程，叫做凝固。

咚咚："然后我们做什么呢？"

爸爸："接下来，我要用点燃的蜡烛烘烤筷子的一端，你猜会怎样？"

咚咚："这个……我猜小人会后退？"

爸爸："哈哈哈……那你可睁大眼睛看好了！"

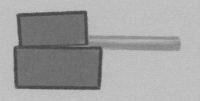

1. 先将金属筷子水平固定；

2. 点燃蜡烛，请注意远离可燃物；

3. 用蜡烛油把小人偶粘在筷子上，冷却，请注意在粘好后不要移动小人偶；

4. 点燃的蜡烛烘烤筷子的一端，请注意观察小人偶掉落的顺序。

爸爸将蜡烛点燃，移至金属筷子的一端，用火苗烘烤筷子。不一会儿，最靠近火苗的小人掉下来了，紧接着，第二个小人也掉下来了。

16

　　咚咚："哦，原来是这样！"

　　爸爸："咚咚，你有没有想过，玩具小人为什么会掉下来呢？"

　　咚咚："我看到小人脚下的蜡熔化了。"

　　爸爸："没错！蜡烛燃烧的热量通过筷子使得小人脚下的蜡熔化了，所以它们才会掉下来。"

咚咚："但是我还发现，玩具小人并不是一起掉下来的，这是为什么呢？"

爸爸："这正说明了热量在金属筷子中传导是需要时间的。其实啊，金属是一种容易导热的物质，蜡烛燃烧的热量很快就从金属筷子的一端传到了另一端，所以，玩具小人偶才一个一个地掉到了桌面上。"

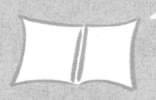

生活中，我们用铁锅烧菜，就是因为铁是良好的导热物质，给小宝宝吃饭的勺子一般都是塑料或者木头的，那是因为它们传导热量的本领没那么大，所以不容易烫着也不会烫手。

保温瓶的发现

　　科学的研究和发明创造为人类的生活提供了便利，许多科学研究成果在我们生活中有很多的应用。保温瓶的发现就是科学家在研究气体液化的现象中发明的。

　　詹姆斯·杜瓦是英国的物理学家、化学家、发明家。在1892年，他一直在研究如何使气体液化，气体液化要在低温条件下进行，但是如何能保证气体是在低温中呢？那个时候可没有冰箱，于是，他请玻璃技师伯格为他吹制了一个双层玻璃容器，双层内壁都涂上水银，然后把里面的空气抽掉，形成真空。

　　经过测试，放在里面的液体在一段时间内温度基本是不变的。就这样，他完成了自己的实验，后来，人们在此基础上制成了保温瓶，因此大家也把这种瓶子叫"杜瓶"。

拓 展 与 实 践

我们都知道，用火烧纸的话纸会燃烧。找一根细铜丝，将铜丝绕成圈，将一个纸卷塞进铜圈中，用火烘烤铜圈，试一试，纸还会烧起来吗？为什么呢？

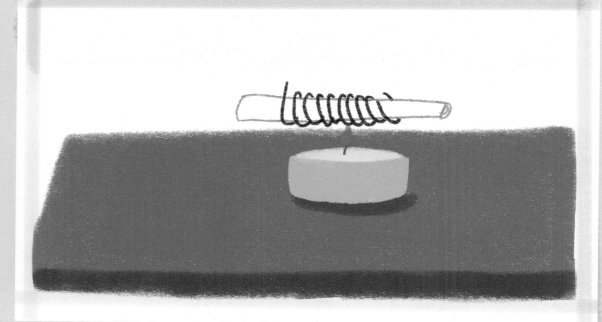

扫一扫
观看实验视频

准备工具

一个纸卷

蜡烛和火柴

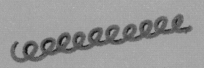

一根螺旋铜丝

一副安全手套

绘图：查筱菲　王悦　余宛洳　潘晓燕　黄郁璇

图书在版编目（CIP）数据

发现身边的科学.排队"跳水"的小人偶/王轶美
主编；贺杨，陈晓东著；上电－中华"华光之翼"漫画
工作室绘. –– 北京：中国纺织出版社有限公司，2021.6
　ISBN 978-7-5180-8347-3

　Ⅰ.①发… Ⅱ.①王… ②贺… ③陈… ④上… Ⅲ.
①科学实验－少儿读物 Ⅳ.① N33-49

　中国版本图书馆CIP数据核字（2021）第023330号

策划编辑：赵　天　　特约编辑：李　媛
责任校对：高　涵　　责任印制：储志伟　　封面设计：张　坤

中国纺织出版社有限公司出版发行
地址：北京市朝阳区百子湾东里 A407 号楼　邮政编码：100124
销售电话：010—67004422　传真：010—87155801
http://www.c-textilep.com
中国纺织出版社天猫旗舰店
官方微博 http://weibo.com/2119887771
北京通天印刷有限责任公司印刷　各地新华书店经销
2021 年 6 月第 1 版第 1 次印刷
开本：710×1000　1/12　印张：24
字数：80 千字　定价：168.00 元（全 12 册）

凡购本书，如有缺页、倒页、脱页，由本社图书营销中心调换